AF573558

LETTRES MALACOLOGIQUES

A

MM. BRUSINA D'AGRAM ET KOBELT DE FRANCFORT.

PAR

J.-R. BOURGUIGNAT.

PARIS

IMPRIMERIE ET LIBRAIRIE DE Mme Ve BOUCHARD-HUZARD,

JULES TREMBLAY, GENDRE ET SUCCESSEUR,

RUE DE L'ÉPERON, 5.

—

DÉCEMBRE 1882.

1°

A MONSIEUR LE PROFESSEUR BRUSINA D'AGRAM.

Vous avez été mal conseillé le jour où il vous a pris la fantaisie, dans votre Introduction au genre *Orygoceras*, de publier ces pages, dont je viens de faire faire la traduction littérale, et que je me permets de remettre sous vos yeux.

« A cela se joint toutefois une autre cause qui, actuellement, arrête d'une manière absolue l'achèvement de mon travail, et qui n'est autre qu'une publication de M. Bourguignat parue depuis peu. M. Letourneux a voyagé en 1878 en Dalmatie et en Croatie [Votre mémoire est infidèle en cette circonstance, M. Letourneux n'a pas été en Croatie en 1878.] pour y récolter des coquilles. Pendant son séjour à Agram, je lui ai donné des doubles de notre collection, à tel point qu'à Pâques de la même année, M. Bourguignat a eu l'amitié de me communiquer un Mémoire sur nos fossiles dalmates. D'après M. Bourguignat, son Mémoire est basé sur les matériaux que MM. Tripalo et Paulovic ont communiqués à M. Letourneux.

et cependant il est surprenant que M. Letourneux n'ait point fait mention des doubles que je lui ai donnés. [Par la raison bien simple qu'il les avait envoyés, aussitôt reçus, à son oncle M. Tacite Letourneux, et qu'il ne les a jamais eus entre les mains, pas plus que moi.] Bien que nos riches gisements fournissent toujours et de plus en plus du nouveau, bien que j'aie complètement approuvé le langage cité plus haut de Sandberger et de Fuchs, je ne suis pas peu surpris, néanmoins, de l'abondance numérique des espèces nouvelles trouvées par M. Letourneux. [Est-ce notre faute, si vous n'avez pas un coup d'œil exercé.]

« Le Mémoire mentionné, sans compter la Vivipara Neumayri, contient la description de 2 nouvelles Vivipares provenant toutes les trois de Sinj. Les nouvelles Viv. Pauloviciana et Bajamontiana ne seraient-elles pas formées aux dépens des variations individuelles de la Neumayri ? M. Letourneux n'aurait-il pas reçu de nous toutes ces Vivipares? [Non ! Je le certifie, M. Letourneux n'a pas reçu ces Vivipares de vous, ainsi que vous le verrez par votre liste. Elles se trouvaient, je vous le garantis, dans les sacs de fossiles donnés par le podestat de Sinj et par le comte Paulovic.] Y a-t-il réellement des Vivipares dans les marnes à Mélanopsides de la Dalmatie ? A cette dernière question, je crois pouvoir répondre sans hésitation par la négative. [Avez-vous fait des recherches dans les mêmes localités que MM. Tripalo et Paulovic? Non! alors pourquoi être affirmatif, lorsque vous savez fort bien qu'il arrive chaque jour que l'on découvre dans une localité déjà explorée des formes que l'on n'y connaissait pas.] Puis nous trouvons la description de 4 nouvelles Bythinia. Le genre Nematurella comprend 13 espèces, et, à part l'une d'elles, elles sont toutes nouvelles. Il est extraordinaire que cette espèce [Qu'est-ce qui vous prouve que cette espèce soit spéciale à cette seule localité.

pourquoi n'existerait-elle pas ailleurs ?] anciennement connue, ne nous soit point parvenue que de Syrme, comme l'indique son nom. Arrive ensuite un nouveau genre, Klecakia, ne renfermant qu'une espèce, puis 7 Fossarulus tous nouveaux, à l'exception d'un connu anciennement. Il est surprenant que dans le genre Prososthenia, on ne fasse mention que de deux espèces déjà publiées. [Que voulez-vous s'il n'y avait que ces deux Prososthenies dans les sacs du Dr Tripalo, et du comte Paulovic, nous ne pouvions en signaler d'autres. Pouvions-nous indiquer des formes autres que celles qui s'y trouvaient. Franchement, je ne comprends pas votre surprise. Lorsque nous décrivons plusieurs espèces d'un même genre, vous dites qu'il y en a trop ; quand nous en signalons seulement deux, vous dites alors que ce n'est pas assez. Comment faut-il faire pour vous contenter ?] M. Letourneux a découvert le nouveau genre Paulovicia, qui ne renferme qu'une espèce, à propos de laquelle Bourguignat dit « paraît rare dans les dépôts de Ribaric, mais elle est si petite qu'il ne doit pas être facile de la recueillir. »

« L'année dernière, j'ai rapporté un sac rempli de marne délitée d'Agram, précisément dans le but d'en extraire des Orygoceras par des lavages faits avec soin, et, en cette occasion, j'ai eu sous les yeux les plus petits objets, sans qu'il me soit possible d'y rencontrer la moindre Paulovicia. [Sur quelle donnée, car, enfin, il faut être un peu logique, lorsqu'on joue le rôle de critique, sur quelle donnée, dis-je, vous basiez-vous pour avoir l'espérance de trouver dans vos marnes délitées d'Agram une petite coquille des marnes schisteuses de Dalmatie. Vous vous étonnez de ce que j'aie signalé dans la vallée de la Cettina quelques formes croates, et vous êtes surpris, à votre tour, de n'avoir pu rencontrer une coquille dalmate en Croatie. — En vérité, c'est à ne rien comprendre à votre raisonnement.] Le genre Melanoptychia décrit par Neumayr et provenant de la Bosnie et de l'Herzégovine contient 12 espèces, dont 3 nouvelles. Les Melanopsis Panciciana, acanthica, lyrata, inconstans, camptogramma, Lanzeana, etc., publiées antérieurement par Neumayr et par moi, sont toutes placées dans le genre Melanoptychia. Je ne puis vraiment comprendre pourquoi la Melanopsis pterochila est devenue une Melanoptychia. [Si vous aviez bien examiné la base du bord columellaire, vous auriez vu qu'il y a, chez cette espèce, une lamelle médiane, ressemblant à un renflement émoussé. Le caractère est peu prononcé, c'est vrai, mais il n'en existe pas moins. Lorsqu'on étudie, avec soin, toutes les Mélanidées fossiles de la vallée de la Cettina, on reconnait, ainsi que je l'ai dit dans mon Mémoire (page 30), que le plus grand nombre des formes de ces dépôts possèdent, soit une lamelle, soit un rudiment tuberculeux à la columelle, et que cette lamelle ou ce rudiment (bien qu'il y ait interruption dans la plupart des cas) ne forme pas moins un tout avec l'arête inféro-externe, qui se profile sur la partie extérieure de l'axe ; — caractère des Melanoptychia.] Cette espèce n'était connue, jusqu'à présent, que de Slavonie. M. Letourneux prétend aussi l'avoir reçue de Dalmatie, ce dont je doute fort. Il en est de même pour la vraie Melanopsis Mojsisoviesi de Bosnie, qui certainement n'a pas été trouvée en Dalmatie, ainsi que les Melanopsis tenuiplicata et Sandbergeri, qui sont des formes de Bosnie. Dans le genre Gaillardotia, on remarque 4 espèces nouvelles, 3 dans celui des Calvertia, 1 Petrettinia, 2 Saint-Simonia, enfin, dans le genre Tripaloia, une nouvelle, plus mes Neritina Sinjana et platystoma ; cette dernière n'avait pourtant été trouvée par moi qu'en Slavonie. Ainsi donc, 5 genres ont été établis pour des formes du genre Neritina. [Qu'y a-t-il d'étonnant à ce qu'il existe 5 genres nouveaux dans le groupe des Néritinidées?]

« D'après M. Letourneux, tous les fossiles, qui lui ont été donnés, ne proviennent que de Ribaric et de Sinj. Alors comment se fait-il qu'il cite comme de la vallée de la Cettina les Prososthenia Tournouëri et Drobraciana ainsi que la Melanopsis acanthica, qui n'ont été trouvées que par moi et les géologues de Vienne? Dans cette circonstance, le titre même du Mémoire de M. Bourguignat devient inexact; [D'après vous, le titre de mon Mémoire serait inexact, parce que vous n'avez pas encore découvert les Prososthenia Tournouëri et Drobraciana, ainsi que la Melanopsis acanthica dans la vallée de la Cettina. Mais, je vous ferai remarquer que ces espèces se trouvent à Miocic, dans celle de Drnis, vallée toute voisine de la Cettina. Il n'y a pas 8 lieues à vol d'oiseau entre la localité de Miocic et celle de Ribaric. De plus, veuillez prendre la carte géologique de l'empire d'Autriche, de Guido Stache, et vous verrez que les dépôts de Miocic sont signalés comme identiques à ceux de la vallée de la Cettina.—Quelle impossibilité voyez-vous donc à ce que ces 3 espèces ne puissent pas se trouver dans ces deux dépôts si rapprochés et si semblables entre eux. — Franchement, votre critique est ou pas sérieuse ou malveillante.] car les localités de Miocic, Biocic et Parcic, si voisines l'une de l'autre, au point que les géologues de Vienne et moi, nous les désignons sous l'appellation de Miocic, sont situées sur les bords de la plaine de Drnis, qui ne se trouve séparée de celle de la Cettina que par les montagnes de Kozjak et de Svilaja. Ou bien M. Letourneux aurait-il réellement reçu les espèces citées ci-dessus de la vallée de la Cettina? [Certainement, puisque M. Letourneux et moi nous vous le certifions.

Cependant, personne ne m'en voudra si j'accorde plus de crédit à ma propre expérience, et à celle des géologues de Vienne, qui ont exploré à fond, et à plusieurs reprises ces localités qu'au dire de M. Letourneux, qui ne les a traversées qu'en passant, et qui n'a rien récolté, puisque, d'après l'affirmation de M. Bourguignat, les fossiles lui ont été donnés par le podestat de Sinj, le docteur Tripalo, et par le comte Paulovic de Verlika. [Alors vous mettez en doute la parole du docteur Tripalo et celle du comte Paulovic. Ces messieurs ont affirmé avoir recueilli leurs fossiles aux environs de Sinj et de Ribaric.]

« Une observation encore pour terminer. Tout naturaliste sérieux [Merci! pour votre politesse.] donne ordinairement, avec précision, pour chaque espèce, le nom exact de la localité. Admettons que les espèces découvertes par M. Letourneux proviennent de Sinj et de Ribaric [Vous êtes bien honnête.], que M. Letourneux ait nommé une Vivipare en l'honneur du comte Bajamonti de Spalato, c'est chose facile à concevoir et qui n'a pas besoin d'éclaircissement, mais M. Letourneux aurait bien mieux mérité de la science, en nous apprenant si la Bajamontiana a été trouvée à Ribaric ou à Sinj [Pardon, M. Letourneux n'est pour rien dans cet oubli; moi seul, suis coupable.— Je n'ai pas cru devoir distinguer l'un de l'autre chacun de ces dépôts, parce qu'étant de la même époque et entièrement semblables entre eux, il m'a semblé, dès lors, superflu de répéter à chaque fossile le nom de ces deux localités, puisque, pour la plupart des espèces, j'aurais été forcé d'indiquer les deux noms simultanément, ce à quoi vous auriez pu, sans doute, trouver encore à redire.], d'autant plus que toutes les preuves se réunissent pour m'obliger à déclarer que les dépôts de Dalmatie ne renferment aucune Vivipare.

« En conséquence, je me suis adressé à M. Bourguignat, en le priant d'avoir l'extrême obligeance de m'envoyer pour les examiner, pendant deux ou trois jours, toutes ces espèces, afin de pouvoir me former un jugement sur leur compte, car le Mémoire n'est accompagné d'aucune figure. S'il y a quelque chose de bon, je veux bien le reconnaître [Merci, mon Dieu!], mais s'il n'en était pas ainsi, je me permettrais de me prononcer dans le sens contraire. Je suis le premier à adhérer au « qui bene distinguit, bene docet », mais seulement tant que la différence des formes, basée sur la nature elle-même, devient utile à la science. Une fabrication d'espèces imaginaires n'entraîne que des erreurs et des entraves. Jusqu'à ce jour, je n'ai reçu aucune réponse. [Je vous dirai, dans un instant, pour quel motif j'ai gardé le silence.] J'attendrai encore ; mais si ce n'est pas possible d'avoir sous les yeux les nouvelles espèces, ou si je ne puis bientôt en voir les figures, je me verrai forcé de ne pas prendre en considération le travail dont il s'agit. [Ça m'est bien égal.]. —

« Mon intention n'était pas de m'étendre autant sur ces observations. Elles se sont ainsi grossies sous ma plume. »

Vous venez, j'aime à le croire, en publiant ces lignes, de porter, sans vous en douter, et vraisemblablement sans mauvaise intention, une grave accusation contre M. le conseiller Letourneux et contre moi.

Vous laissez planer un doute de probité scientifique sur nous deux, en insinuant que, de concert avec M. le Conseiller, je me suis servi, pour rédiger mon Mémoire, des espèces que vous aviez bénévolement données.

C'est tout simplement une calomnie, calomnie qui n'a pas sa raison d'être, attendu que, sur l'honneur, je n'ai jamais eu entre les mains aucunes espèces fossiles de vous.

Je vais vous en donner la preuve par la correspondance de M. le Conseiller, correspondance dont, j'espére, vous ne contesterez pas l'authenticité.

« Sebenico, 16 mai 1878.

« J'ai reçu votre lettre à Spalato le 14, à mon retour d'une excursion à Sinj et à la grotte de Verlika, expédition que j'avais entreprise en votre honneur.....—Voici ce que j'ai fait en Dalmatie. J'ai visité Cattaro et ses environs immédiats : Persagno, Lepetani, Dobrota, Lyuta, Orahovac (je ne parle que pour mémoire d'une pointe dans le Monténégro), Raguse et Gravosa, puis Spalato, Monte-Mariam, San-Giuliano, Salona, le Jadro (de son embouchure à sa sorgente), Clissa, la Marchesina, Greda, Almissa, Sinj, Rikaric, Verlika, Sebenico, la Kerka, de Scardona aux cascades, etc..

« J'ai la conviction que la Dalmatie, ce paradis des Clausilies, est aussi un des pays les plus riches du monde en espèces fluviatiles et palustres, et, c'est dans cette partie de la faune malacologique que je crois avoir fait des découvertes. Les espèces sont si bizarrement disséminées qu'il ne faudrait négliger aucune des sources (sorgente), ou des fontaines, dont les plus voisines nourrissent les espèces les plus diverses.

« Je rapporte une telle masse de Mollusques, qu'il faudra bien plus d'une semaine pour les débrouiller et les déterminer, bien que j'ai déjà procédé à un classement préparatoire. J'ai pris pour vous, dans toutes les localités, des exemplaires des espèces de la section Pomatia, notamment les formes désignées sous le nom de *secernenda*. J'ai aussi un assez grand nombre d'Hélices poilues (ermita, setosa, setigera, etc....).

« Préparez-vous donc à me consacrer quelques jours, car je compte arriver à Saint-Germain à peu près en même temps que ma collection illyrienne, et je serai bien aise de la *travailler* avec vous.

« J'ai, du reste, ici de nombreux correspondants futurs, et j'y ai rencontré des gens qui m'ont reçu a bras ouverts, entre autres le comte Bajamonti de Spalato, le comte Paulovic de Verlika, le comte Fenzi de cette même ville de Sebenico.

« Je rapporte deux Pseudopus vivants et un dans l'alcool, un Triton punctatus avec larves et un Proteus de Verlika, que je n'ai pas pris dans la caverne, mais qui m'a été offert par le podestat de Sinj, avec un sac de coquilles palustres fossiles de la même ville. »

Vous voyez que c'est au mois de mai 1878, que le Dr Tripalo, podestat de Sinj, a donné un sac de fossiles recueillis aux environs de cette ville, et que c'est à la même époque que M. Letourneux a reçu, du comte Paulovic, l'autre sac, lorsqu'il accomplit son excursion à Verlika, dans la haute vallée de la Cettina.

Peu de jours après m'avoir écrit cette lettre, le Conseiller s'embarquait pour Trieste, d'où il m'adressait, le 24 mai, une nouvelle lettre, de laquelle j'extrais ces quelques lignes :

« Me voici depuis 48 heures à l'hôtel Delorme, faisant procéder par Tanous à l'emballage définitif de mes récoltes dalmates. J'ai mis toutes mes coquilles en cornets, et tous mes cornets dans des grandes boîtes à cigares, ce qui fait un cube assez respectable. »

Et M. le conseiller Letourneux ajoute :

« La Dalmatie est un pays où chaque montagne, chaque fontaine, chaque sorgente devrait être explorée minutieusement ; les grands cours d'eaux exigeraient une semaine. Je n'ai vu ni Ombla, ni la Narenta, ni les îles, ni Castel-Nuovo, où l'on m'a signalé (trop tard) une caverne habitée par des Mollusques aveugles ; malgré cela, je vous expédie des quantités d'espèces, parmi lesquelles je puis vous affirmer que vous trouverez de nombreuses nouveautés, surtout parmi les fluviatiles. »

Je me suis un peu étendu dans la citation de ces lettres, parce qu'il m'est revenu de divers côtés que vous mettiez également en doute les découvertes de M. le conseiller Letourneux en Dalmatie, et cela, à propos de ma Monographie des Emmericia.

La prévention, décidément, est un vilain défaut!

Le 25 mai, la caisse renfermant les Mollusques dalmates était déposée, à mon adresse, chez un des grands commissionnaires de Trieste, M. Augusto Rascovich. qui m'en donnait avis, et elle arrivait à la douane de Paris, le 14 juin suivant.

Pendant ce temps, M. le Conseiller poursuivait son voyage d'exploration par la Carniole, la Styrie, et, après avoir franchi le Sömering, arrivait à Wien, le 13 juin. De Wien, sans mettre le pied en Croatie, M. Letourneux dirigea ses pas sur Paris par la Bavière, la Suisse et l'Alsace.

Ce fut le 4 juillet, vous voyez que je précise, qu'accompagné de mon ami Letourneux, j'allais retirer de la douane la caisse expédiée de Trieste, et que j'entrais en possession non seulement de toutes les richesses malacologiques, fruits des incessantes recherches et de l'infatigable ardeur de mon excellent ami le Conseiller, mais encore des deux sacs de fossiles de la vallée de la Cettina donnés par le Dr Tripalo et le comte Paulovic.

Ces deux sacs, dont je me mis, de concert avec mon ami Letourneux, à examiner le contenu, renfermaient les 62 espèces suivantes, espèces décrites dans mon Mémoire sur les fossiles de la Dalmatie.

ESPÈCES QUATERNAIRES.

Helix vulgarissima, Schlœfli.
Bulimus detritus, Deshayes.
Cyclostoma elegans, Draparnaud.
— lutetianum, Bourg.

ESPÈCES TERTIAIRES.

Vivipara Neumayri, Brusina.
— Pauloviciana, Letourneux.
— Bajamontiana, *id.*
Bythinia Tripaloi, *id.*
— Farezi, *id.*
— leptostoma, Bourg.
Nematurella Sandriana, *id.*
— lamellata, *id.*
— Stossichiana, Let.
— Letourneuxi, Bourguignat.
— Aristidis, *id.*
— Tripaloi, Let.
— communis, Bourg.
— Klecakiana, *id.*
— syrmica, Neumayr.
— producta, Bourg.
— Paulovici, Let.
— obesa, Bourg.
— pygmœa, *id.*
Klecakia Letourneuxi, *id.*
Fossarulus Letourneuxi, *id.*
— præclarus. *id.*
— Brusinæ, Let.
— Tripaloi, *id.*
— globosus, Bourg.
— Stachei, Neumayr.
— diadematus, Bourg.
Prososthenia Tournoueri, Brusina.
— Drobraciana, *id.*
Paulovicia Bourguignati, Let.
Melanoptychia Panciciana, Brus.
— Dalmatina, Let.
— acanthica, Neumayr.
— acanthicula, Bourguignat.
— pleuroplagia, *id.*
— lyrata, Neum.
— misera, Brus.
— inconstans, Neum.
— camptogramma, Brus.
— Lanzeana, *id.*
— pterochila, *id.*
— Mojsisoviesi, Neum.
Melanopsis Tripaloi, Let.
— Klecakiana, Bourg.
— Paulovici, *id.*
Gaillardotia Tripaloi, Let.
— Paulovici, *id.*
— Calvertiana, Bourg.
— perobtusa, *id.*
Calvertia Letourneuxi, *id.*
— Klecakiana, *id.*
— Brusiniana, Let.
Petrettinia Letourneuxi, Bourg.
St-Simonia Letourneuxi, *id.*
— birimata, *id.*
Tripaloia sinjana, Brus.
— platystoma, *id.*
— Letourneuxi, Bourg.

Il y avait donc près de 16 mois que j'étais en possession des espèces que je viens de citer, lorsque mon ami le Conseiller, auquel on avait ordonné, pour cause de santé, les eaux thermales de Krapina-Tœplitz, entreprit, après sa cure, une grande exploration dans la vallée du Danube par la Croatie, la Slavonie, la Serbie, la Valachie, etc., jusqu'à Varna, d'où il s'embarqua pour Constantinople.

« Ogulin (Croatie militaire), 15 septembre 1879.

« Je suis revenu hier des lacs de Plitvica, et comme il me faut attendre le train de midi et demie pour retourner à Zagreb, je profite de ce loisir pour vous raconter mon voyage.

« Je suis arrivé à Zagreb (Agram), le 9 vers deux heures, et comme la Diète est en session, il m'a été impossible de me caser à l'hôtel de l'Empereur d'Autriche. Il m'a fallu déposer mes bagages dans le vestibule de l'hôtel de la Couronne de Hongrie, où l'on m'a promis deux chambres pour six heures. Me voilà donc avec Tanous, sur le pavé de la ville, et je me suis mis à la recherche de M. Brusina, que j'ai trouvé au musée au milieu de ses coquilles et de ses livres...

« J'ai passé la matinée du 10 au musée à voir les collections de Dalmatie et de Croatie, dont M. Brusina M'A DONNÉ UN PAQUET DE DOUBLES. [Je souligne ce passage.] Ce qui m'a frappé, c'est le nombre très considérable d'espèces indéterminées. Je crois que le professeur est souvent arrêté par le manque d'ouvrages, il se plaint beaucoup des allemands *qui embrouillent tout*, et dont les derniers travaux, notamment sur les Clausilies, lui rendent ce genre tout à fait indéchiffrable.

« Dans l'après-midi, Brusina nous a menés au pont de la Save, qui est à 3 kilomètres de la ville, et nous y a fait faire provision de Mélanies, de Mélanopsides, de Lithoglyphus, de la Neritina carinata, d'Unios et de deux Anodontes, dont l'une, la Complanata ? y est actuellement fort rare par suite des changements survenus dans la nature du fond du fleuve. J'oubliais un grand Planorbe et une belle Vivipare. »

C'est donc le 10 septembre 1879, et non pas en 1878, ainsi que vous l'affirmez, que vous avez remis à mon ami le Conseiller le paquet de doubles.

Lorsque cet été, je pris connaissance de la calomnie insérée dans votre Introduction au genre Orygoceras, j'avisai immédiatement M. Letourneux, alors en Algérie, pour lui demander ce qu'étaient devenus ces doubles. Il eut l'obligeance de me répondre qu'il les avait envoyés, en septembre 1879, à son oncle, M. Tacite Letourneux, président honoraire, qui devait m'en transmettre une part, et, que ces doubles se trouvaient, sans doute, dans la collection de son oncle, déposée, depuis le décès de celui-ci, chez le savant botaniste Lloyd, de Nantes ; il eut encore l'amabilité de me dire, que devant venir prochainement en France, il se ferait un plaisir de me les apporter.

Or, le 2 novembre dernier, mon excellent ami le Conseiller, de retour de son voyage de Nantes, me remettait votre fameux paquet de doubles, qu'il me tardait tant de posséder dans le désir de voir jusqu à quel point votre insinuation calomnieuse pouvait avoir un semblant de véracité.

Vos doubles, au nombre de 22 espèces, portent toutes une étiquette de votre main, et on lit dans l'encadrement ces mots : Prirodoslovni odsjek nar. zem muzeja u Zagrebu.

Voici la liste de ces espèces, les *seules* que M. Letourneux *ait jamais reçues de vous*, et il est d'autant plus certain, à ce qu'il m'a affirmé, que vous ne lui en avez pas donné d'autres, qu'il a retrouvé intacte la boite qu'il avait jadis adressée à son oncle. Son pauvre oncle, en effet, déjà atteint, à l'époque de l'envoi, par la maladie qui devait l'emporter, s'éteignait quelques mois après (8 mars 1880), dans sa soixante-treizième année, sans avoir eu le courage ni la force d'ouvrir votre boîte de doubles.

Voici, donc, les noms de vos espèces :

Vivipara	Vukotinovici, Frauenfeld,	—	Slobodnica	(Slavonie).
—	stricturata, Neumayr,	—	Malino	*id.*
—	altecarinata, Brusina,	—	*id.*	*id.*
—	Sturi, Neumayr,	—	Ciglenita	*id.*
—	Zelebori, Hörnes,	—	Vocarica	*id.*
—	rudis, Nenmayr,	—	Kozarica	*id.*
—	ornata *id.*		*id.*	*id.*
Melanopsis	clavigera, Neumayr,		*id.*	*id.*
—	hastata *id.*	—	Sibinj	*id.*
—	cognata, Brusina,	—	Karlovic	*id.*
—	lyrata, Neumayr,	—	Miocic	(Dalmatie).
—	acanthica, *id.*		*id.*	*id.*
—	inconstans, *id.*		*id.*	*id.*
—	plicatula, Brusina,		*id.*	*id.*
—	Visiniana, *id.*		*id.*	*id.*
—	cylindracea, *id.*	—	Ribaric	*id.*
—	camptogramma, *id.*	—	Sinj	*id.*
Prososthenia	Tournoueri, Neumayr,	—	Miocic	*id.*
—	Dalmatina, *id.*	—	Sinj	*id.*
Neritina	militaris *id.*	—	Sibinj	(Slavonie).
—	sycophanta, Brusina,	—	Cernik	*id.*
Unio	excentricus, *id.*	—	Nova gradiska,	*id.*

Eh bien ! De ces espèces il y en a trois seulement de la vallée de la Cettina :

1° La Melanopsis cylindracea, qui n'est pas mentionnée dans mon Mémoire;

2° La Melanopsis camptogramma de Sinj;

Enfin, 3° la Prososthenia dalmatina, également de Sinj.

Toutes les autres sont des formes de Slavonie, ou d'autres localités dalmates, que je ne connais pas.

Il n'y a, en somme, que deux espèces, dont l'une, la Prososthenia dalmatina, qui n'est pas une *Prososthenia*, mais bien une *Nematurella*, et, chez laquelle je viens de reconnaître deux formes différentes que vous n'avez pas su distinguer.

Où aviez-vous donc la tête le jour où il vous prit fantaisie d'insinuer une calomnie aussi malveillante?

Comment! vous donnez à comprendre que mon travail n'a été fait que d'après des doubles remis à M. Letourneux, et lorsqu'enfin j'ai ces doubles entre les mains (car j'affirme sur l'honneur que je ne les avais jamais vus), il se trouve en réalité qu'il n'y a que deux espèces, DEUX ESPÈCES, ENTENDEZ-VOUS! que j'aurais pu à la rigueur vous voler, et ce qui est plus fort, sur ces deux espèces, il en existe une de mal déterminée.

Pour qui prenez-vous donc M. le conseiller Letourneux, et pour qui me prenez-vous, moi-même?

Je vois bien que vous ne nous connaissez ni l'un ni l'autre.

Sachez que pour la délicatesse et la probité scientifique, M. le Conseiller rendrait des points à vous et à bien d'autres.

Sachez que, quant à moi, j'ai toujours poussé ce sentiment de probité à l'extrême. Je l'ai même poussé si loin, que j'en ai été victime, ainsi que je vais vous le raconter, pour votre gouverne à venir.

Vous avez dû voir à la fin de plusieurs de mes publications, à la date de 1864, l'annonce suivante :

« Pour paraitre en 1865 : — *Histoire malacologique de la Syrie et de la Mésopotamie*, 2 vol. in-4, avec 60 pl. n. et color. — Prix : 120 fr.

J'avais, à cette époque, commencé, sur le modèle de mon ouvrage de l'Algérie, un travail général sur la faune de ces régions d'Asie. 37 planches in-4, admirablement lithographiées par le célèbre artiste Levasseur, étaient déjà terminées, ainsi que les tirages, lorsque je vins, par une sorte de fatalité, à recevoir de M. Albert Mousson, de Zurich, avec lequel j'étais alors en relation, quelques espèces nouvelles, dont ce savant m'annonçait se réserver la priorité.

Ces espèces se trouvaient justement déjà représentées sur mes planches.

Je ne pouvais dire à M. A. Mousson que la priorité de ces formes m'appartenait, parce que dans le cas où il n'aurait pas eu confiance dans ma parole, il aurait pu s'imaginer que je me servais de ce subterfuge pour lui subtiliser ses nouveautés.

Je n'avais donc qu'une chose à faire pour que le soupçon ne vint pas effleurer ma probité scientifique, à abandonner mon ouvrage sur la faune syrienne.

C'est ce que je fis à mon grand regret, je l'avoue.

Or, les 37 planches sont chez moi, toutes tirées, depuis 1864. J'ai mieux aimé supporter une perte de 7, à 8,000 fr. que d'être soupçonné.

Comme, en définitive, vous pourriez ne pas ajouter foi à mes paroles, en même temps que je vous adresserai cette lettre, je vous ferai parvenir, *sous pli recommandé*, quelques exemplaires de mes planches d'Helix, de Bulimes, de Cyclostomes, d'Unios, etc., pour vous prouver la véracité de mon récit. J'ai déjà intercalé deux planches d'Anodontes d'Asie (pl. XIV et XV) dans le premier fascicule de mes *Matériaux sur les Acéphales du système européen*. Les malacologistes, auxquels j'ai adressé, en 1880, ce fascicule, ont pu se faire une idée de ce qu'aurait été cet ouvrage, que j'ai abandonné par un sentiment de délicatesse.

Mais, vous me croyez donc bien dépourvu de documents et de matériaux, pour vous imaginer que je suis pour ainsi dire à l'affût des espèces, que j'attends, comme pourrait le faire un voleur dans l'ombre, le moment propice pour m'emparer des recherches des autres, et me parer des plumes de Paons.

Sachez donc que je possède peut-être la série la plus complète d'espèces européennes; que je reçois, chaque année, de tous les points de l'Europe, du Nord de l'Afrique ou de l'Asie occidentale, une moyenne de 12 à 15,000 échantillons; que j'en reçois tellement qu'il m'est impossible de classer un stock de plus de 400,000, je dis quatre cent mille, qui attend depuis longtemps. J'ai un si grand nombre de formes nouvelles, de matériaux nouveaux, que je vivrais encore 50 ans, que je ne pourrais pas parvenir à épuiser la riche mine conchyliologique que je possède et qui se renouvelle sans cesse.

Et vous voulez que, dans ces conditions, j'aie eu la basse idée, de concert avec l'honorable Conseiller, de m'emparer du fruit de vos recherches.

Franchement, votre calomnie est tellement insensée, qu'elle en est bête.

J'arrive maintenant à la demande de communication que vous avez daigné me faire.

J'ai reçu, il est vrai, une lettre de vous, à laquelle je n'ai pas fait de réponse ; parce que j'ai constaté, par le ton général de votre demande, un esprit prévenu et hostile ! J'ai eu le bon sens de ne pas vous répondre, parce que je ne vous considérais pas dans une disposition d'esprit assez dégagée de toute influence pour que vous puissiez juger, sainement et sans parti pris, la validité des caractères.

J'ai encore gardé le silence avec vous, parce que mes espèces sont à la disposition *seule* de mes amis, et que je ne pouvais vous considérer comme tel, vous qui publiez dans des recueils dont les directeurs se sont constitués mes adversaires.

Vous annoncez que si d'ici à quelque temps, je ne vous ai pas donné satisfaction, vous laisserez tomber mon Mémoire dans l'oubli.

Eh bien ! je vous le demande, qu'est-ce que cela peut me faire.

Franchement j'aime mieux cela. Au moins vous ne viendrez pas fausser ou dénaturer les caractères des genres ou des espèces. Car, avec la meilleure foi possible, sous l'influence d'un esprit aussi prévenu qu'est le vôtre, vous ne sauriez agir avec une équitable justice. De cette façon, celui ou ceux qui viendront après vous, auront moins de peine à se reconnaître, à rétablir la priorité et à porter vos espèces en synonymie, s'il y a lieu.

Est-ce que vous croyez qu'il ne se rencontrera pas quelqu'un, à un moment donné, pour rétablir la vérité ?

Tôt ou tard ce quelqu'un surgit.

Voulez-vous que je vous cite quelques exemples?

Ainsi, le Dr Baudon, un de mes *bons* amis, a décrit une *Succinea Crosseana,* sachant que, c'était ma *Valcourtiana*. Un auteur s'est trouvé, que dis-je, trois se sont rencontrés, presque au même moment, pour rétablir le nom de *Valcourtiana* et rejeter l'autre en synonymie.

Une personne a publié dernièrement quatre espèces algériennes : les Helix Lacosteana, Planorbis Rolandi, Amnicola Pesmei et Melanopsis tunetana. Eh bien ! l'Helix Lacosteana a été reconnue pour ma *Doumeti* (1876), le Planorbis Rolandi pour l'*umbilicatus* de Müller (1774), marginatus de Draparnaud (1801 et 1805), l'Amnicola Pesmei pour la *Rouvieriana* de Letourneux (1870 et 1872), enfin la Melanopsis tunetana pour ma *Letourneuxi* (1872 et 1878).

Et si je vous citais l'exemple de cette femme italienne, qui s'est acharnée à changer un grand nombre de mes déterminations, et qui voit chaque jour ses nouveaux noms repoussés, je n'en finirais point, et, cela n'en vaut pas la peine.

Vous voyez que votre menace n'a aucune portée.

Mais il est temps que je m'arrête.

Je termine, donc, en vous priant d'agir en honnête homme, en reconnaissant loyalement l'insanité de votre calomnie.

Vous vous êtes monté la tête; votre imagination a grossi les objets, comme vous le dites vous-même : « *Ces observations se sont ainsi grossies sous ma plume* » — « *Welche mit unter der feder gross gewachsen sind* » et vous vous êtes figuré que M. le Conseiller avait visité la Croatie en même temps que la Dalmatie (Ce qui est faux!), que vous lui aviez remis la plupart des espèces signalées dans mon Mémoire (Ce qui n'est pas vrai!), et, partant de là, vous vous êtes amusé à raconter tout ce qui vous a passé par la cervelle.

Vous avez commis là une mauvaise action dont vous n'avez pas compris la portée : parce que là où vous n'aviez lancé qu'une insinuation quelque peu dubitative, d'autres, chez lesquels la malveillance est innée, ont pris le ton affirmatif, et d'une petite pierre ont fait une montagne.

Saint-Germain, Novembre 1882.

J. R. B.

2°

A MONSIEUR KOBELT, DE FRANCFORT.

Je lis, à la page 79 de la livraison du mois d'avril 1882 des *Nachrichsblatt*, que vous dirigez, cet entrefilet de votre main, entrefilet dont je viens, *tout récemment*, de prendre connaissance.

« Le travail de M. Bourguignat, sur les Mollusques tertiaires de la vallée de la Cettina, a été apprécié par M. Brusina dans son introduction à sa Notice sur les Orygoceras. M. Letourneux a obtenu une partie de ses matériaux dans le muséum d'Agram, et les autres près des collectionneurs dalmates. M. Bourguignat a jeté tous ces matériaux pêle-mêle et a indiqué le tout comme provenant de la vallée de la Cettina. Les Vivipara dont M. B. décrit deux espèces, ne se trouvent nullement dans les schistes de la Dalmatie. M. Brusina fait observer, en outre, qu'il a cherché, en vain, à obtenir de l'auteur ses espèces (pour les examiner; d'autres, avant lui, n'ont pas été plus heureux. M. Bourguignat semble faire son possible pour ensevelir ses nouvelles espèces dans une ombre mystérieuse (mystiches Halbdunkel), parce qu'elles ne supportent pas une lumière (Beleuchtung) éclatante.»

Vous venez d'accentuer la calomnie *inconsciente* du sieur Brusina. Avec votre malveillance habituelle, là où le professeur croate avait prudemment laissé un signe de doute, vous, vous placez hardiment une affirmation. Vous prétendez que la plupart des espèces sur lesquelles j'ai basé mon travail proviennent du musée d'Agram, espèces que m'aurait livrées sciemment M. le conseiller Letourneux.

Je viens de démontrer, preuves en main, l'insanité de cette calomnie.

Maintenant, je tiens à vous exprimer le profond mépris que votre indigne conduite, depuis si longtemps la même à mon égard, m'inspire pour votre personne.

Qui êtes-vous donc pour oser porter une accusation de cette sorte sur un homme dont l'honorabilité est connue de tous, sur un homme dont la rigidité des principes ne le cède en rien à l'intégrité du caractère.

Est-ce que vous croyez que M. le conseiller Letourneux est un être de votre espèce, un être sans probité scientifique ?

Oui ! je le dis hautement, sans probité scientifique.

Parce que vous m'avez outrageusement pillé.

Oui ! vous avez pillé les gravures de mes ouvrages.

Vous avez pillé les planches de mes *Aménités*, de mes *Spicilèges*, de ma *Malacologie algérienne*,... et de bien d'autres de mes œuvres.

Vous vous êtes emparé de mes dessins, SANS MON CONSENTEMENT, pour fabriquer vos *Suites à Ross-*

mässler, que, dans votre nullité orgueilleuse, vous avez su abaisser au niveau d'une honte malacologique.

Est-ce que vous croyez que les gravures qui accompagnent mes travaux ne m'ont rien coûté ?

Est-ce que j'ai payé les dessinateurs, les graveurs, les écrivains, les imprimeurs-lithographes, etc., à l'intention de vos beaux yeux, pour qu'à un moment donné, vous puissiez vous emparer des espèces figurées dans mes ouvrages, et présenter un ensemble iconographique sur la faune européenne ?

Vous avez eu si peu de délicatesse, que vous ne vous êtes pas aperçu que vous commettiez, en publiant vos *Suites*, l'œuvre d'un plagiaire. Vous avez, en effet, dans un de vos derniers fascicules, eu la bonhomie d'avouer que vous cessiez momentanément votre publication pour cause de manque de matériaux.

Je le crois bien ! vous n'aviez plus rien à prendre.

Je ne sais si les auteurs de votre pays ont donné leur assentiment aux emprunts incessants que vous faisiez dans leurs ouvrages, mais, à coup sûr, je ne vous ai jamais donné le mien.

Vous êtes donc, à mes yeux, un plagiaire ; je ne saurais trop le répéter. Vous avez pris mes descriptions ! Vous vous êtes servi de mes gravures.

Vous ne pouvez nier.

J'ai votre ouvrage entre les mains.

Je comprends facilement qu'un auteur, dans le

but de compléter une monographie, cite et emprunte à un autre quelques-unes de ses espèces ou de ses figures, en mentionnant toutefois l'emprunt qu'il a été forcé de faire, pour faciliter la compréhension des caractères différentiels de ses Mollusques. Cela arrive fréquemment. Je suis le premier à reconnaitre qu'une science ne serait pas possible, si l'on n'avait pas cette latitude. La plupart des auteurs ont usé de cette faculté, passée à l'état de coutume. Ils n'ont aucun blâme à encourir.

Mais votre cas n'est pas le même.

Vous avez commencé, il y a déjà un certain nombre d'années, la publication d'une iconographie, sorte de *Compendium* ou de *Dictionnaire malacologique*, devant comprendre, naturellement, toutes les espèces et toutes les figures d'espèces publiées depuis la mort de Rossmässler. Vous avez donc eu besoin, pour exécuter votre plan, de puiser dans tous les ouvrages, de piller tous les auteurs. C'est ce que vous avez fait sans vergogne, et, C'EST CE QUE VOUS N'AVIEZ PAS LE DROIT DE FAIRE, puisqu'en agissant de la sorte, vous occasionniez aux publications un tort considérable en leur enlevant leur valeur commerciale.

Vous vous êtes souvent étonné; vous avez même fait part de votre étonnement « urbi et orbi », c'est-à-dire aux gens de votre bord, de ce que mes descriptions n'étaient plus accompagnées d'aucune figure. A force de ruminer votre étonnement, vous avez fini par découvrir que si je ne donnais plus de gravures, de ces gravures qui, soit dit entre parenthèses, sont infiniment supérieures pour le modelé, la netteté des caractères à vos *mauvaises* lithographies; vous avez fini, dis-je, par découvrir (1) que si je n'en donnais plus, c'est qu'il m'était impossible de trouver un artiste capable de saisir les caractères infinitésimaux de mes espèces.

Eh bien! savez-vous pour quel motif je tiens à ne plus donner de gravures, c'est parce que je ne veux plus être pillé.

Dieu merci! je l'ai été assez comme cela.

Je me suis même juré de ne jamais faire paraître une gravure sur les espèces européennes, tant que votre Iconographie serait en cours de publication.

J'ai encore pris la résolution de faire mon possible pour qu'aucune de mes espèces ne vienne à tomber entre vos mains. J'ai prié également mes amis je connais assez leur cœur et leur délicatesse pour savoir qu'ils tiendront leur promesse de faire en sorte de ne livrer qu'à des personnes sûres les formes déterminées par moi.

Ce n'est donc pas parce qu'elles ne peuvent sup-

(1) Page VI de l'introduction de votre Cat. der Europ. faunengebiet leb. Binnenconchylien. — Cassel, 1881.

porter une « *lumière éclatante* », que je les tiens dans une « *ombre mystérieuse* »; mais parce que je ne veux pas *que vous, ou les hommes de votre bord*, puissiez profiter de mes déterminations.

C'est pour le même motif que la plupart de mes œuvres ne sont pas en librairie. Je me fais un plaisir de les donner. Je tâche, en les offrant, de les placer entre bonnes mains, c'est-à-dire entre les mains de personnes sérieuses, aimant la science pour la science. J'évite autant que possible le malheur de les laisser tomber entre celles de gens animés par la passion, aveuglés par la haine, gens qui n'ont qu'un but, en les recherchant, celui de fausser les caractères, de dénaturer le sens des descriptions, pour me faire endosser des sottises et amuser la galerie.

Vous voilà édifié, maintenant, sur ma ligne de conduite et sur celle d'un grand nombre de mes amis. J'espère que vous vous le tiendrez pour dit, et, que vous me laisserez, dorénavant, tranquille avec vos bourdes de « *Scharfe Beleuchtung* » de « *mystiches Halbdunkel* » qui ne sont bonnes qu'à faire rire les imbéciles de votre bande.

Vous m'avez jeté à la face, sans en comprendre la portée, dans l'espoir de me lancer une injure, l'appellation d'homme de *la nouvelle École*. Eh bien! je me fais gloire de cette appellation. Oui! je suis un homme de la nouvelle École, de l'École française, par excellence; et, si j'ai commis des fautes et des erreurs (que celui qui n'en a pas commis me jette la première pierre), je n'en ai pas fait d'aussi fortes et d'aussi phénoménales que celles dont vous avez émaillé vos ouvrages et notamment votre Iconographie.

Lorsqu'on voyage à travers vos œuvres, on se demande si réellement vous prenez vos contemporains pour des ignorants ou pour des crétins.

Les erreurs de déterminations, de synonymies, et autres, sont si nombreuses, si multipliées, que, sans exagération, 80 espèces sur 100 sont ou mal nommées, ou ridiculement appréciées, ou enfin faussement caractérisées. Votre ouvrage est, sans contredit, le travail le plus mauvais qui ait été publié depuis un siècle.

Je ne suis pas le seul à professer cette opinion.

« Calcutta. — Indian museum, 29 jully 1880.

« Je suis bien de votre opinion sur le Rossmassler de Kobelt. Ses dessins des genres Hyalinia, Daudebardia, etc., me semblent *abominables*. Seulement, peut-être ? [Vous voyez que sir Nevill n'en est pas sûr] le genre Helix n'est pas trop maltraité, excepté les espèces algériennes QU'IL NE CONNAÎT PAS DU TOUT.

« G. NEVILL. »

Et, cette autre opinion de l'auteur de la Malacologie pyrénéenne :

« Villefranche, 12 décembre 1880.

« e viens de recevoir le deuxième fascicule de l'iconographie de Kobelt. Les Unios nouveaux du sieur Drouët y sont représentés. Le docteur allemand prend pour type de l'Unio lusitanicus une coquille du lac d'Yrieu, près Bayonne ! — Le genre

Succinea est traité *d'une façon pitoyable*, c'est du Baudon revu, corrigé et amoindri. On dirait que M. Kobelt *se plaît à passer à côté des types*, augmentant ainsi la confusion. A mon humble avis, l'iconographie au lieu de rendre des services, retardera la science en propageant des erreurs qu'il serait du premier intérêt d'extirper.

« P. Fagot. »

Et celle du malacologiste Hagenmüller ;

« Bone, 8 novembre 1881.

« J'avais d'abord pensé que vous étiez sévère pour Kobelt, vous n'êtes que juste. Si les premières figures de Rossmässler laissent à désirer, ses dernières sont fort belles ; tandis que chez Kobelt, tout sort d'un même moule, et il n'est pas bon.

« Hagenmüller. »

Et celle encore du naturaliste Trémeau de Rochebrune :

« Paris, 7 juin 1880.

« Il est impossible, je crois, de rencontrer une publication aussi mauvaise que cette iconographie de M. Kobelt où presque tout est faussement nommé, ou bêtement apprécié. Si au moins, les lithographies avaient de la valeur, mais non ! Je plains de tout cœur les pauvres naturalistes qui, comme moi, sont forcés d'avoir recours à un pareil livre.

« T. de Rochebrune. »

Le docteur Servain, auteur d'un grand nombre de travaux de mérite, que pense-t-il de vous ? Veuillez avoir le plaisir d'ouvrir son *Histoire des Mollusques Acéphales de Francfort*, et vous trouverez page 13 et suivantes :

« Dans notre ouvrage publié, en **1869**, en collaboration de M. Ch. Lallemant, nous avons affirmé (p. 47) que cette Sphérie ne pouvait être rapprochée que du *rivicola*, et cependant, il s'est trouvé un auteur qui a eu le front de classer cette espèce dans le groupe des *Calyculina* de Clessin, en compagnie des *lacustre*, *Ryckholti* et *Terverninnum*.

« C'est incompréhensible ! Nous ne pouvons admettre qu'un homme soit assez dénué de coup d'œil, soit assez dépourvu de jugement pour confondre une *rivicoloïde* avec une *caliculoïde*. Il y a, en effet, de ces sortes d'erreurs qui sont impossibles, et qui ne peuvent s'expliquer que par l'ignorance la plus crasse, ou par un manque de bonne foi scientifique.

« Nous savons que cet auteur a fait jusqu'à présent tout ce qu'il a pu pour dénaturer les espèces établies par notre savant ami Bourguignat, et qu'il a été même jusqu'à reproduire d'une façon inexacte les belles figures qui ornent les ouvrages de l'écrivain français, pour en tirer des conclusions fausses et arbitraires.

« Est-ce que par hasard ce même auteur, parce que nous avons dédié une Sphérie à ce malacologiste qu'il considère comme un ennemi, voudrait pour ce motif nous englober dans la même haine en dénaturant aussi, non pas nos figures, mais le sens de nos descriptions ? »

Et plus loin, page 27 :

« Nous comprenons facilement que certains auteurs, comme Clessin entre autres, devant la grande multiplicité des Anodontes, pour s'éviter de la peine ou par manque de coup d'œil (bien que cet auteur ait passablement épluché les formes *Pisidiennes*), réunissent en une seule espèce toutes les Anodontes sous le nom banal de *mutabilis*. C'est une affaire de tempérament, sinon de méthode. Mais ce que nous comprenons difficilement, c'est qu'un auteur qui, d'après ses écrits, a une tendance *marquée* à la compréhension des caractères différentiels, fasse des amalgames d'espèces, pareils à ceux qu'a faits le Dr Kobelt dans son dernier catalogue des mollusques terrestres et fluviatiles de la faune européenne (1).

« Lorsqu'on examine avec attention les Anodontes mentionnées dans ce catalogue (ce sont les seules espèces dont nous ayons à nous occuper en ce moment), on se demande si ce docteur a voulu se moquer de ses contemporains.

« Il y a, en effet, dans ce catalogue, où il signale cinquante-cinq espèces et quarante-quatre variétés d'Anodontes, un tel mélange de formes dissemblables, que l'on reste indécis si on n'est pas en présence d'une œuvre d'ignorance, ou en présence d'une personne affligée d'un manque complet de coup d'œil. On hésite réellement entre ces deux hypothèses, parce qu'il est difficile de concevoir une fausseté de coup d'œil portée à un si haut degré. »

Et encore plus loin, page 30 :

« Cette réunion d'Anodontes est ***des plus antiscientifiques***; incontestablement le Dr Kobelt ne connaît pas les espèces qu'il cite, il a dû tirer au sort chacun de ces noms.

« Notre ami M. Bourguignat, dans le tome premier de ses *Matériaux pour servir à l'histoire des Mollusques Acéphales du système européen*, a déjà démontré clairement que ***toutes*** les Anodontes publiées dans les ***suites*** à l'Iconographie de Rossmässler ÉTAIENT MAL NOMMÉES.

« Nous ajouterons de plus que les Anodontes du musée Senckenberg de Francfort, sont toutes aussi savamment déterminées que celles des ***suites*** à Rossmässler ou du catalogue du Dr Kobelt, dont nous venons de parler. »

C'est ce qui faisait dire au savant Arnould Locard, de Lyon :

« Lyon, 3 novembre 1882.

« J'ai lu avec grand intérêt les épreuves du Dr Servain, ce

(1) Catalog. der im europäischen lebenden binnenconchylien, 1 vol. in-8, 1881.

qu'il dit des naturalistes de Francfort en général, et de Kobelt en particulier, est bien vrai et bien mérité.»

« ARN. LOCARD. »

Si vous parcourez maintenant les travaux des auteurs italiens, vous trouverez à chaque page des rectifications relatives à vos erreurs de spécifications. Dieu merci! les rectifications ne manquent pas.

Dernièrement encore, M. Félix Ancey, de Marseille (Naturalista siciliano, vol. I, p. 287), s'exprime ainsi à propos de l'Helix Doubleti :

« M. Kobelt, dans le récit de son voyage scientifique en Algérie, identifie cette dernière espèce avec l'Helix arabica. Je ne comprends pas qu'il ait pu faire une pareille confusion.»

Et, à la page 292, au sujet encore d'une autre espèce (Helix polytrichia), M. Ancey ajoute :

« Je ne comprends pas qu'il ait pu faire cette nouvelle erreur.»

Le fait est qu'il y a de ces sortes d'erreurs qui sont si fortes, qu'elles ne peuvent s'expliquer que par un manque complet de coup d'œil, ou par la plus profonde ignorance.

En somme, je ne puis mieux résumer l'opinion que les savants ont de vos ouvrages qu'en vous priant d'agréer encore l'appréciation d'un malacologiste distingué, M. J. Mabille, de Paris :

« Paris, 10 août 1879.

« Si jamais le pauvre Rossmässler a possédé un ennemi, cherchant par tous les moyens possibles à dénaturer, ou plutôt à détruire l'œuvre de sa carrière scientifique, il n'a pu en rencontrer un de plus perfide, que celui qui, sous un air bonhomme, où percent la sottise et la suffisance, a la prétention, en ce moment, de poursuivre son œuvre. »

« J. MABILLE. »

Vous avez fait paraitre à Cassel et à Francfort, depuis un certain temps, une série de *Synopsis*, dans lesquelles vous reproduisez (toujours sans l'autorisation des auteurs) toutes les diagnoses publiées dans le cours de chaque année. Ainsi que vous, je veux avoir, à mon tour, mon *Synopsis*, seulement ce *Synopsis* contiendra la rectification de toutes les bévues, de toutes les erreurs de spécification que vous aurez pu commettre.

Ce nouveau *Synopsis*, que je vous annonce, et que j'ai l'intention de faire paraitre, en grand nombre, au mois de janvier de *chaque* année, sera un livre d'une incontestable utilité.

J'aurai l'extrême plaisir de vous l'offrir, ainsi qu'à vos amis et connaissances. Je vous prierai de l'accepter comme une faible marque de la haute considération et de la profonde estime, que je suis loin d'avoir pour vous et pour vos travaux.

Saint-Germain, Novembre 1882.

J. R. B.

3°

DEUXIÈME
A M. LE PROFESSEUR BRUSINA.

Je viens de vous communiquer l'épreuve de ma première lettre.

Je n'ai pas voulu faire paraître cette lettre, sans vous l'avoir soumise. Si vous aviez agi aussi sagement, avant de publier votre Introduction au genre *Orygoceras*, bien des calomnies ne se seraient pas produites. En cela, vous avez été coupable, car vous deviez bien vous douter, d'après le ton général que prenait la polémique scientifique depuis quelque temps, que, sous les querelles personnelles, se cachaient des luttes plus sérieuses.

Vous regrettez, d'après votre réponse en date du 4 décembre d'Agram, que vos réflexions aient pu être aussi mal interprétées, et vous vous déclarez prêt à retirer, comme inexactes, toutes vos insinuations.

M. le conseiller Letourneux et moi, nous vous pardonnons de grand cœur, dans la persuasion où nous sommes, que vous avez agi sans mauvaise intention, sous l'empire seulement d'un dépit que nous comprenons jusqu'à un certain point.

En somme, vos insinuations ne sont point tombées à terre : les malveillants ont été enchantés de les relever. M. Kobelt y aura gagné le *Synopsis* que je lui promets *chaque* année ; pour les autres, qui ont eu le flair de ne citer aucun nom, parce qu'ils se sont méfiés d'une rectification par ministère d'huissier, ils ne perdront rien pour attendre.

Vous devez savoir qu'il existe, dans le monde malacologique, deux écoles ennemies, l'ancienne et la nouvelle, c'est-à-dire l'école transformiste, celle qui ne croit pas à l'invariabilité de l'espèce, celle qui nie la fixité des caractères, et qui n'admet l'espèce, *ou ce qu'on est censé appeler espèce*, que *comme* RELATIVE *sous la double influence du temps et des milieux*. C'est l'école des G. Saint-Hilaire, Lamarck et nombre de penseurs. Je m'honore, en compagnie d'une multitude de savants, parmi lesquels je mentionnerai vos amis, MM Paul et Neumayr, d'en faire partie.

La *nouvelle école*, comme on l'appelle, bien qu'elle date de loin, puisque Linnæus, lui-même, a dit (1) : « Depuis longtemps je suppose, et, comme je n'ose

(1) Amenit. Acad., VI, p. 296.

l'affirmer (1), je présente ma pensée comme une hypothèse, que toutes les espèces d'un même genre ont formé, dans le principe, une seule espèce ; » la nouvelle école, dis-je, qu'il ne faut pas confondre avec la *Darwinienne*, qui a outré ses principes et faussé ses conséquences, *ne reconnaît, lorsqu'il s'agit d'une diagnose*, NI ESPÈCE, NI RACE, elle spécifie et elle caractérise TOUTES LES FORMES *que la nature a suffisamment distinguées*, sans se préoccuper si ces distinctions sont le résultat des milieux, du temps ou de toute autre cause. « Peu importe, a dit Draparnaud, quel soit le nom que l'on donne à une réunion d'individus liés par des rapports de ressemblance, et qu'on l'appelle *espèce* ou *variété* ; l'essentiel *c'est qu'on en fasse mention*, et qu'on en décrive les caractères d'une manière exacte, claire et précise.

La *nouvelle école* distingue donc, sous un nom spécial, *toute forme ayant des caractères constants, pourvu que ces caractères soient au nombre de trois*. Au-dessous de ce nombre, elle rejette les formes au rang de variété. Au-dessus, elle les classe dans celui des espèces, ou de ce que l'on est convenu d'appeler espèce, puisque, d'après elle, l'espèce est relative.

Par ces principes, la nouvelle école *a voulu soustraire les formes à l'arbitraire des spécificateurs*.

Pour certains de l'ancienne école, l'espèce est *une* depuis l'origine ; pour d'autres, elle est invariable

(1) A l'époque de Linnæus, il fallait un grand courage pour avoir une opinion.

avec des variétés constantes ; pour ceux-ci, elle n'est constituée que de races fixes sorties d'un type primitif inconnu ; enfin, pour ceux-là, elle est variable jusqu'à un certain degré, avec des sous-variétés plus ou moins constantes, qui viennent rayonner autour d'elle.

En un mot, dans l'ancienne école, autant d'opinions que d'auteurs. Personne ne s'entend. Ce ne sont que discussions sur l'espèce, sur les races constantes ou pas constantes, sur les variétés, les sous-variétés, etc. Je mets au défi le zoologiste le plus profond de dire où finit l'espèce, où commence la race, où s'accentue la variété. Chacun, selon son tempérament, a son opinion faite et bien arrêtée à ce sujet ; pour les uns, il faut une masse de signes différentiels pour la création d'une espèce ; pour d'autres, il en faut moins ; pour d'autres encore, elle n'est pas possible, sans une kyrielle de variétés et de sous-variétés.

La *nouvelle école* SUPPRIME TOUTES LES DISCUSSIONS : l'espèce, pour elle, n'existant pas en réalité, *elle accepte toutes les formes à caractères fixes, pourvu que ces caractères soient au nombre de trois, et suffisamment prononcés*. La spécification, comprise dans ce sens, devient une science pour ainsi dire mathématique, parce qu'elle ne laisse aussi peu de prise que possible à l'appréciation des malacologistes.

C'est justement de cette appréciation, souvent fantaisiste, dont on a voulu se garer dans cette science, une des plus difficiles des connaissances naturelles, précisément parce que ses animaux, ne pouvant se soustraire aux milieux où ils se trouvent, sont forcés de subir non seulement les conséquences du mode de nourriture, mais encore les influences du froid, de la chaleur, de la sécheresse ou de l'humidité.

J'ai tenu à vous donner ces *quelques* éclaircissements provisoires sur la *nouvelle méthode* (libre à vous de l'adopter ou de ne pas l'adopter), afin que vous sachiez que lorsque mes amis et moi élevons *une forme* au rang spécifique, c'est que nous lui avons connu *pour le moins* trois caractères prononcés et constants qui la séparent de ses congénères.

Je ne puis, en ce moment, entrer dans une discussion sur l'espèce, les races. les variétés, ni vous dévoiler, dès à présent, les conséquences de la spécification comprise dans le sens que je viens de vous exposer, parce que je serais entraîné trop loin. Mais mon intention est, aussitôt la fin de publications actuellement à l'impression, de faire paraitre un Mémoire spécial à ce sujet, dans le dessein de faire bien comprendre et le but et les tendances de la *nouvelle* école.

Je m'étais promis, ainsi que je l'ai dit dans ma lettre précédente, de ne plus donner aucune représentation d'espèces européennes. Eh bien! diverses réflexions viennent, en ce moment, modifier mes idées. Je me décide à publier une planche, *une seule*, sur laquelle je fais figurer quelques types de mes genres nouveaux, soit vivants, soit fossiles de la vallée de la Cettina.

Deux motifs m'engagent à vous donner cette satisfaction ; d'abord le désir que j'ai de vous obliger jusqu'à une certaine limite, puisque vous avez reconnu vos torts ; ensuite celui de savoir que ces lettres seront recherchées des malacologistes de l'avenir, puisqu'elles vont être accompagnées d'une planche représentant, pour la première fois, des genres d'un grand intérêt pour la faune de l'Europe.

Ces genres, au nombre de 7 (l'exiguité de la planche ne me permet pas un plus grand nombre), sont ceux que j'ai établis sous les noms de *Lhotelleria*, *Jolya*, *Colletopterum*, et ceux de Dalmatie, sous les appellations de *Tripaloia* (Letourneux), *Calvertia*, *Petrettinia* et *Saint-Simonia*.

Je vous donne la permission, si vous en avez besoin pour vos travaux futurs, de reproduire les dessins des genres fossiles, mais je fais la défense la plus expresse à M. Kobelt de s'emparer, *suivant sa louable habitude*, sans mon consentement, d'aucune de ces figures.

LHOTELLERIA

J'ai appris dernièrement que certains esprits hostiles mettaient en doute les caractères de ce genre, et qu'ils allaient même jusqu'à annoncer que les Lhotelleries ne pouvaient être que des sommets de Troncatelles.

Il s'est bien trouvé un individu, qui, dans l'espoir de me jouer un mauvais tour, se mit à dire un jour, l'ignorant! que les *Moitessieria* étaient toutes des espèces *terrestres du genre Acme*. Comme cet individu habitait une ville près de laquelle furent découvertes les premières Moitessieries, son affirmation fit prime, et toute la bande, avec un accord touchant, se mit à crier qu'il était impardonnable de prendre des *Acme* pour des Mollusques d'eau douce.

On ne répond pas à de pareilles âneries. On les constate, voilà tout. Les malacologistes futurs feront justice de toutes ces bêtises.

Les Lhotelleries sont des espèces cylindriques, allongées, plus ou moins acuminées, à tours ventrus, contournés, comme tordus et paraissant fortement séparés par suite d'une suture profonde. Les deux tours supérieurs sont relativement gros, un peu mamelonnés. Le dernier est comparativement très développé, tandis que les médians sont généralement délicats; l'ouverture est caractérisée, à partir du milieu de la convexité de l'avant-dernier, jusqu'à la partie inférieure du bord externe, *qui est toujours simple et tranchant*, par un bord péristomal épais, large, aplati, analogue à celui de la *Lacuna vincta*, et, offrant *vers la base de la columelle*, UNE DILATATION UN TANT SOIT PEU CANALIFORME.

Cette dilatation canaliforme, qui parfois est très accentuée, comme chez la *Pechaudi* (fig. 10-12), est un caractère générique important.

C'est la première fois que des espèces de ce genre sont figurées. Il y avait bien une espèce, l'*apocrypha* de M. Folin qui avait été représentée dans le Journal de Conchyliologie (pl. x, fig. 5), mais la représentation de cette espèce lyonnaise était si mauvaise (ce qui ne fait pas honneur à la direction de ce journal), que l'on ne pouvait savoir ce qu'elle pouvait être, d'autant plus que M. Folin avait oublié, dans sa diagnose, de signaler justement le caractère important, *la dilatation rostriforme de la base de l'ouverture.* M. Folin a donc agi, en cette circonstance, comme vous, en établissant votre genre *Emmericia*. Vous avez, en effet, oublié les deux caractères principaux, parce que vous avez mal compris votre coupe générique, *celui du sommet* et *celui de la gibbosité antépéristomale.*

Les Lhotelleries connues sont au nombre de 7. Elles vivent dans les eaux douces, sauf deux qui ont été trouvées dans le lac Mariout qui est saumâtre, comme on le sait. Une d'elles a été découverte dans le Rhône, au-dessus de Lyon, par le savant malacologiste Arnould Locard.

Si maintenant on vient vous dire que les Lhotelleria sont des jeunes Troncatelles, j'espère que vous saurez à quoi vous en tenir.

JOLYA.

Le type de ce genre est une espèce à valves minces.

brillantes, subpellucides, fragiles comme celles des *Lymnadia*, et recouvertes d'un tissu épidermique (ressemblant à celui de la *Solemya mediterranea*), *dépassant les bords du test sous l'apparence d'une membrane brillante, gélatineuse, comme gommée*. Cette espèce est, en outre, caractérisée par une forme *iridinienne*, à sommets recourbés, très antérieurs. Le ligament postérieur, *qui est interne*, s'étend sur toute la longueur du bord supérieur, *en augmentant insensiblement de grosseur en arrivant vers l'angle postéro-dorsal*. Le ligament antéro-interne n'apparaît que sous la forme d'un filament à peine perceptible. La région cardinale se compose, sur l'une et l'autre valve, d'une lame fort allongée, lamelliforme, et faiblement arquée. Entre cette lame et le bord supérieur, on remarque, également sur l'une et sur l'autre, une dépression identique allongée. J'ai observé, de plus, que la lame cardinale de l'une et l'autre valve, *ne vient pas s'emboîter réciproquement dans cette dépression*, comme cela a lieu chez les *Unios*, mais que *ces lames s'appliquent mutuellement l'une sur l'autre*. En conséquence, la région cardinale de l'une est tout à fait similaire de l'autre.

La région latérale est ornée d'une *longue lame blanchâtre opaque, rectiligne, peu saillante*, se prolongeant des crochets, à l'angle postéro-dorsal.

Je me rappelle, lorsque je reçus cet Acéphale, qui extérieurement semblait marin, et intérieurement fluviatile, je restai quelque temps indécis. Mon ami, le savant professeur Deshayes, à qui je le communiquai, m'a avoué qu'il ne connaissait rien, parmi les marins, qui pût lui être assimilé. M. le marquis de Monterosato, qui possède, comme on le sait, une connaissance parfaite des marines méditerranéennes, m'a également dit qu'il n'avait jamais rien vu de semblable. D'un autre côté, cette espèce, à cause de sa charnière, ne pouvant être celle d'une forme inconnue de Phyllopodes ou d'Ostracodes (grandes divisions de la classe des Crustacés à coquille), je me décidai, en conséquence, à la considérer comme un Acéphale de la famille des Iridinidæ. A présent, après nouvel examen plus approfondi, je crois que cette espèce, à cause de sa charnière dont la *similarité* des régions cardinales dextre et sénestre est si singulière, doit constituer un genre d'une famille, à laquelle j'attribue le nom de *Jolydæ*, famille intermédiaire entre celle des *Iridinidæ* et celle des *Mycetopidæ*.

La *Jolya Letourneuxi* (1), dont jusqu'à présent il n'existe qu'un *seul* échantillon trouvé parmi les débris des bords de l'Harrach près d'Alger, est un Acéphale qui doit vivre *profondément* dans les boues de ce fleuve.

(1) Je saisis l'occasion, puisque c'est la première fois que je parle de cette espèce depuis sa création, de rectifier sa diagnose, que les imprimeurs ont estropiée. — A la page 10, ligne 27, il faut lire :

« Dente cardinali minimo, compresso-elongato, vix producto, leviter arcuato ; — dente laterali candido, opaco, vix producto, etc., »

au lieu de :

« Dente cardinali minima, compresso-elongatissimo, vix producto,

COLLETOPTERUM.

Il a suffi à une personne, qui n'a jamais su distinguer le devant du derrière ou le derrière du devant d'un Acéphale, de dire que les *Colletopterum* étaient de jeunes Margaritanes, pour qu'aussitôt, sans vérification, sans examen, on se soit empressé, avec une joie mal déguisée, de déclarer que j'avais pris des Margaritanes à l'état d'enfance pour types d'un genre nouveau.

C'est tout simplement insensé. Si j'avais commis une pareille ânerie, je m'avouerais aussi ignorant que cette personne à laquelle on doit cette opinion.

Cette personne qui, parmi les gens de l'ancienne école, jouit d'une autorité incontestée au sujet des *Unionidæ*, sans doute parce qu'au bout de trente années d'étude sur la même matière, *elle en est arrivée à ne plus savoir ce qui est concave ou convexe* (1), est bien la personne (scientifiquement parlant) la plus nulle pour l'érudition, le coup d'œil et le savoir.

leviter arcuato : — dente laterali candido, opaco, vix producto, *leviter arcuato ; — dente laterali candido opaco, vix producto,* » etc. — Sans compter le mot *minima* qui est au féminin, on a imprimé, je ne sais pourquoi, deux fois de suite les mots que j'ai soulignés. Lorsqu'en 1876, j'ai envoyé mon manuscrit à Toulouse, le secrétaire de la Société m'avait pourtant bien promis de faire attention aux corrections. Malheureusement, il a laissé échapper des incorrections grossières, qui ne proviennent pas de mon fait.

(1) Voir les *savantes* descriptions de cet auteur dans le Journal de Conchyliologie.

Ces années dernières, j'ai désiré me rendre compte des connaissances de ce « *père de la science.* » Par l'entremise de quelques personnes tierces, à divers intervalles, je lui ai fait soumettre un échantillon français (toujours le même) de l'*Unio falsus*. La première fois, cet échantillon m'est revenu sous le nom de *Requieni;* la seconde fois, sous celui de *pictorum* jeune: la troisième fois, sous l'appellation de *Turtoni*. Franchement, pour un homme qui ne s'est jamais adonné à aucune autre étude, ces déterminations ne sont pas le signe d'un haut savoir ou d'une grande perspicacité.

M. Arnould Locard, de Lyon, m'a avoué qu'il s'était aussi aperçu de l'insuffisance scientifique de cette personne, parce qu'à deux reprises, elle lui avait renvoyé, sous des noms différents, les mêmes échantillons.

J'ai beaucoup connu, dans le temps, ce « *père de la science;* » je crois même avoir fait mon possible pour l'aider et pour l'obliger. C'est vraisemblablement pour cette raison que, depuis, il n'a cessé de témoigner à mon endroit une de ces bienveillances commisératrices qui sent le dédain et frise l'insolence. Mais la patience a des bornes.

Les *Colletopterum* sont des formes *anodontoïdes*, à valves minces, délicates, très aplaties, très finement striolées, offrant les caractères suivants :

1° Charnière *arquée*, *très courte*, sans dents, mais présentant néanmoins, à l'endroit où se développe chez les Unios la lamelle latérale, *un épaississement souvent considérable, d'un relief prononcé, ressemblant à une denticulation lamelliforme*. Cette lame, opaque, d'un blanc nacré, ordinairement plane ou presque plane en dessus, offre parfois (notamment chez le *prœclarum*) une ligne saillante, sensible surtout vers la région des crochets, qui, sur la valve gauche, est reçue dans un léger sillon ;

2° Ligaments *internes*, dont l'un filiforme antérieur, s'étendant des crochets à l'angle antéro-dorsal, et l'autre *fibreux, gros et court*, terminé à son extrémité par une *vaste lunule*, presque aussi longue que la lamelle latérale ;

3° Bord supérieur *soudé d'un bout à l'autre et projetant en arrière des crochets, et au-dessus du ligament, qui est complètement recouvert, un aileron mince et très aplati*, bien que les deux valves soudées et plaquées l'une sur l'autre forment une double épaisseur. Cet aileron est formé par un prolongement exagéré de la crête dorsale. On remarque encore quelquefois (comme chez le *Letourneuxi*) un autre petit aileron à la partie antéro-supérieure ; mais celui-ci est plus exigu et moins élevé.

J'appellerai votre attention (voyez fig. 16) sur la charnière arquée (C) : sur l'exiguité du ligament postérieur (A), qui est interne et si court qu'il atteint à peine la moitié de la distance des sommets à l'angle postéro-dorsal ; sur la large lunule (B), qui sépare le ligament de la région latérale de la charnière (C), qui s'incurve en dedans ; sur les grandes surfaces (D) ailées, qui sont soudées; enfin, sur le petit ligament antéro-interne (E), qui ressemble à un filet allongé (1).

Veuillez avoir la bonté d'étudier la figure 16, et vous reconnaîtrez, si vous êtes de bonne foi, que ces caractères ne sont pas ceux des Anodontes, et encore moins ceux des Margaritanes, ainsi que l'a affirmé, par ignorance, le « père de la science. »

Les Collétoptères ont les valves tellement soudées, qu'elles ne peuvent s'entr'ouvrir (2). C'est pour cette cause que le ligament postérieur, devenu inutile, est à moitié atrophié.

La plus grande et la plus belle, comme forme, des espèces de *Colletopterum*, est le *præclarum*, que je n'ai pu faire figurer malheureusement sur la planche, à cause de sa forte taille.

Les animaux de ce genre sont des Acéphales danubiens, qui doivent être assez abondants dans les cours d'eau de la vallée du bas Danube. M. le conseiller Letourneux m'a dit en avoir vu un assez grand nombre, notamment sur les bords du Lom, près de Rutschuk.

NERITINIDÆ FOSSILES DE LA CETTINA.

Vous vous êtes étonné, et vous avez manifesté une

(1) Chez les Anodontes, le ligament antéro-interne est toujours placé le long de la région cardinale, et ne s'en écarte pas, comme on le remarque chez les Collétoptères.

(2) Le courant, qui doit vivifier et apporter la nourriture à ces singuliers animaux, doit se produire entre les deux entrebâillements que l'on remarque à la base inféro-palléale, et au-dessous de l'angle postéro-dorsal.

méfiance non motivée sur la série des genres de la famille des Néritinidées fossiles de la vallée de la Cettina.

Avant de vous faire toucher, pour ainsi dire, du doigt, les caractères principaux de ces coupes génériques, permettez-moi de vous exprimer que, contrairement à votre affirmation, je maintiens mon jugement sur la nature probable du genre de vie de ces anciens Mollusques. Tous, d'après l'ensemble de leurs signes distinctifs, sont des animaux qui ont dû vivre dans des eaux plus ou moins saumâtres; aucuns ne sont franchement d'eau douce, et pas un d'eux ne peut rentrer dans le genre *Theodoxia* (olim, Neritina).

Sans compter le genre Gaillardotia, depuis longtemps établi, genre qui doit prendre le nom de *Smaragdia* d'Issel (1), comme plus antérieur, j'ai décrit, dans mon Mémoire sur les fossiles dalmates, quatre coupes génériques nouvelles : Tripaloia (Letourneux), Calvertia, Petrettinia et Saint-Simonia.

Je vous donne les figures (grossies), d'une grande exactitude, des principales espèces de chacune de ces coupes.

D'après ces figures, vous remarquerez que ces quatre genres sont pourvus, *vers la base interne de l'ouverture*, D'UNE LAMELLE PALATALE analogue à celles que l'on observe chez les Clausilies.

Cette lamelle est parfois fort saillante et très allongée.

(1) Malac. Mare Rosso, p. 212, 1869.

Chez les Tripaloia, la paroi septiforme offre *une surface plane, légèrement concave à la base, inclinée sur l'ouverture*, toujours plus ou moins ridée ou chagrinée, et dont le bord interne (*rectiligne sans échancrure*) est parfois denticulé. *Toute l'épaisseur de la callosité se trouve rejetée, vers le contour externe, en forme de bourrelet.*

Les Calvertia se distinguent nettement par *une paroi septiforme fortement échancrée en demi-lune à sa partie inférieure et ornée à la base de cette échancrure, qui forme arc de cercle, d'un tubercule isolé, saillant, quelquefois surmonté d'une pointe acérée.* (Voyez la figure de la C. Brusiniana.)

Cette échancrure, dont la tranche aiguë est *intérieurement taillée en biseau, occupe en hauteur au moins la moitié de la paroi septiforme.*

La lamelle palatale, chez les Calverties, se trouve située *en arrière* du tubercule de l'échancrure, et, entre cette lamelle et ce tubercule, on remarque une légère *dépression canaliforme.*

Chez les Petrettinia, les caractères sont des plus singuliers.

La paroi septiforme *très gibbeuse* offre : 1° *à sa partie supérieure, une profonde échancrure triangulaire ;* et 2° *à sa partie inférieure, une seconde échancrure cintrée*, mais moins profonde que celle des Calvertia ; de sorte que, par suite de ces deux échancrures, *la partie médiane ressemble à une denticulation triangulaire s'avançant au milieu de l'ouverture.*

L'échancrure supérieure laisse, de plus, voir, sur la convexité de l'avant-dernier tour, *une profonde impression musculaire rectangulaire* analogue à celles que l'on observe chez les Unios.

Les signes distinctifs des Saint-Simonia sont encore plus particuliers.

Chez les espèces de ce genre, *la paroi septiforme est divisée en deux ou trois surfaces, par suite d'un ou de deux sillons qui la creusent profondément.* Sur la marge interne de la paroi, on remarque le profilement sur toute sa longueur d'une arête très aiguë ; enfin, le long du contour extérieur de la gibbosité septiforme, on constate *une fente ombilicale, limitée par une arête* et analogue à celle qui caractérise les *Lacunopsis* du Cambodge.

J'ai encore, sans compter ces genres, établi incidemment (page 39) pour une espèce turque le genre Burgersteinia, espèce pourvue de *trois carènes obtuso-anguleuses (dont l'inférieure armée de spinules), se développant, toutes les trois, sur la surface du dernier tour.* Ce genre est, en outre, caractérisé, à l'instar des Saint-Simonia, *d'une fente ombilico-lacunopsienne* bien limitée.

Je ne vous donne pas la représentation de cette dernière coupe générique, parce qu'elle se trouve figurée dans les Mémoires de Burgenstein.

Il me semble que les caractères de tous ces nouveaux genres sont assez particuliers et suffisamment tranchés, pour que vous ne puissiez pas me faire un reproche de leur création ; à moins pourtant, qu'à l'instar de certaines gens, vous vous imaginiez que je m'amuse à inventer les genres et les espèces.

Sachez que je n'ai jamais décrit ou fait représenter un *seul* caractère fictif. Je respecte trop la science malacologique, à laquelle j'ai voué ma vie, pour vouloir imiter les personnes qui dirigent le Journal de Conchyliologie.

Dans leur Mémoire sur les Mollusques du lac Baïkal, ces savantes personnes ont été jusqu'à prendre des arrêts d'accroissement pour *des varices belgrandiformes*, et, à baser sur ces temps d'arrêt leur nouveau genre Godlewskia. Il n'y aurait eu encore que demi-mal, si elles n'avaient commis que cette bévue, bévue qui ne prouve pas en faveur de leur coup d'œil et de leur sagacité ; mais elles ont été jusqu'à dénaturer, comme je vais vous le raconter, les caractères de l'espèce sur laquelle elles ont basé leur genre.

Ainsi, ces personnes ont regardé comme type des *Godlewskia*, la *Ligea turriformis* de Dybrowski (1), espèce allongée-acuminée, à tours serrés, très nombreux, présentant cinq à six temps d'arrêt dans sa croissance.

Les temps d'arrêt, comme tous les malacologistes savent, s'accusent par un léger épaississement dans le test, qui, en cet endroit, devient un peu plus ru-

(1) Gasterop. Baik., p. 50, pl. III, fig. 4-7. 1875.

gueux. Jamais, au grand jamais, les temps d'arrêt ne se trouvent situés les uns au-dessous des autres ; ils sont, au contraire, espacés sur l'enroulement spiral à des intervalles irréguliers, ainsi qu'on peut le remarquer sur la *turriformis*, figurée (pl. III, fig. 4-7) dans l'ouvrage de Dybrowski.

Or, ces véridiques amis ont fait représenter *sciemment* (pl. IV, fig. 5 du Journal de Conchyliologie, année 1879), la *turriformis* de Dybrowski, avec *une seule série de varices*, EN LIGNE RÉGULIÈRE, LES UNES AU-DESSOUS DES AUTRES, *depuis le sommet jusqu'au dernier tour*, et cela, dans le but de montrer l'importance de ces soi-disant varices, par suite de leur disposition mathématique.

Il fallait bien baser le genre Godlewskia sur un caractère particulier !

Et puis ! où aurait été le mérite d'établir un genre sur un caractère vrai ?

Mais, en créer un sur des signes fictifs, était bien plus spirituel. C'est ce qu'ont compris, avec raison, ces intelligents amis.

Je vous prie instamment, et je prie en même temps les malacologistes de faire la comparaison de la *turriformis* de Dybrowski, avec celle représentée dans l'*excellent* Journal de Conchyliologie. Vous verrez, et les savants verront, si je me trompe, ou si j'avance un fait qui n'existe pas.

C'était déjà un peu raide de prendre pour des *varices belgrandiennes* des arrêts de croissance ; mais, il faut l'avouer, c'est bien plus fort de dénaturer les caractères d'une espèce pour lui en substituer d'autres dans le dessein d'établir une *fausse* coupe générique.

Si j'avais commis une pareille faute, il y aurait déjà longtemps que ces bons amis n'auraient pas manqué de jeter des clameurs d'indignation, comme ils viennent de le faire dernièrement à propos du Prodrome de M. Arnould Locard, lorsque, dans leur compte rendu (1), ils se sont écriés que le nombre des espèces énumérées dans cet ouvrage, constituait « *une mauvaise plaisanterie malacologique.* »

Pour moi, je tâcherai d'être un peu moins dur au sujet de la *fabrication* de leur genre Godlewskia, je leur dirai, en employant leur langage, que pour une bonne plaisanterie, C'EST UNE BONNE PLAISANTERIE !

Saint-Germain, Décembre **1882**.

J. R. B.

(1) Journ. Conch., p. 224, 1882.

EXPLICATION DE LA PLANCHE.

1. Petrettinia Letourneuxi. — 2. Tripaloia Letourneuxi. — 3. Saint-Simonia Letourneuxi. A, fente ombilicale. — 4. Saint-Simonia birimata. A, fente ombilicale. — 5. Calvertia Letourneuxi. — 6. Calv. Brusiniana. — 7 et 8. Lhotelleria Letourneuxi (grand. nat. et grossie). — 9. Ouverture très grossie. — 10 et 11. Lhotelleria Pechaudi (grand. nat. et grossie). — 12. Ouverture très grossie. — 13. Jolya Letourneuxi, charnière grossie. A, ligament interne; B, lamelle latérale; C, région cardinale. — 14 et 15. Valve gauche, vue en dessus et en dessous. — 16. Colletopterum Letourneuxi, *charnière*; A, ligament postérieur, interne, très court; B, vaste lunule; C, région cardinale; C′, région latérale très épaisse; D, D, surfaces ailées et soudées; E, ligament antéro-interne filiforme. — 17. Valve gauche.

Nota. Les figures 7, 10, 14, 15, 16 et 17 sont de grandeur naturelle, les autres sont grossies.

PARIS. — IMP. J. TREMBLAY, RUE DE L'ÉPERON, 5.

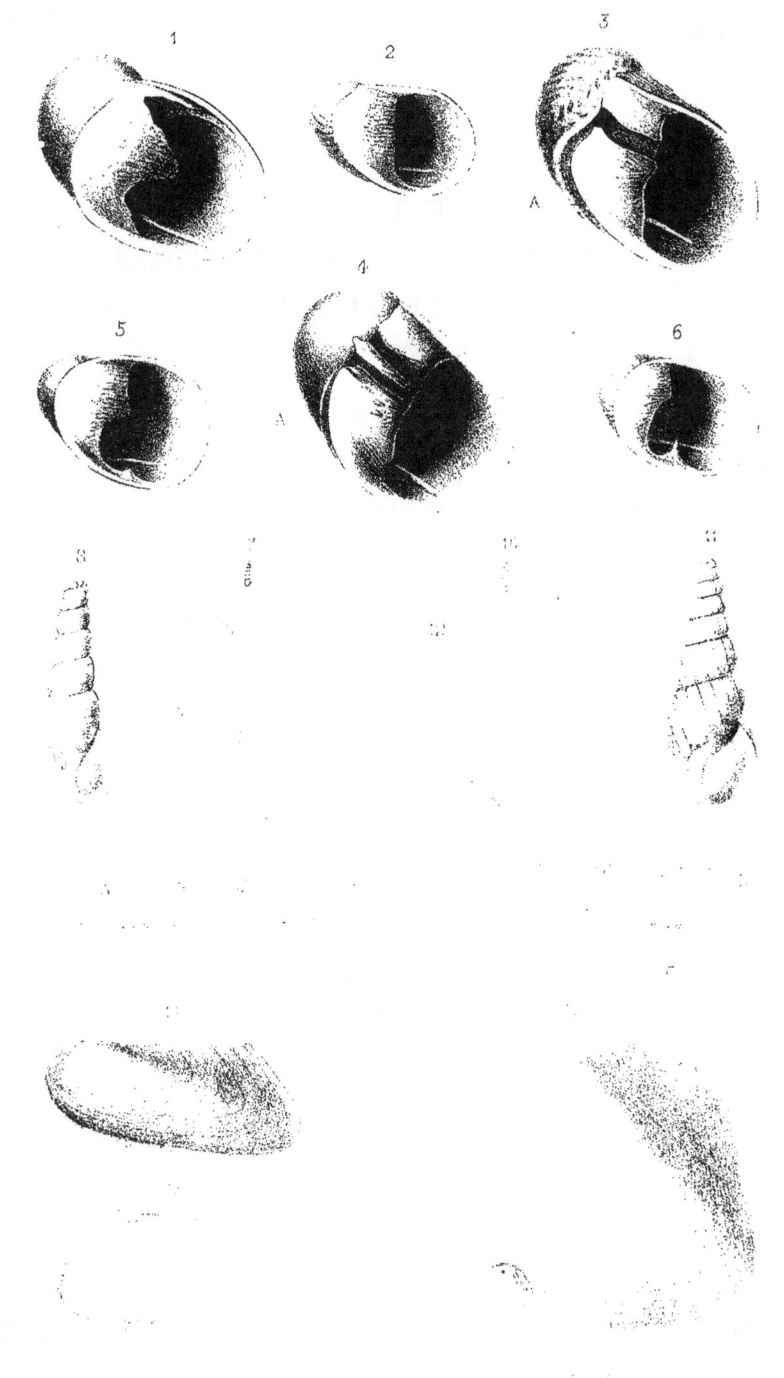
1
2
3
A
4
5
A
6
8
11

ERRORUM
IN KOBELTANIS OPERIBUS PROMULGATORUM
SYNOPSIS

OU

RELEVÉ CRITIQUE DES ERREURS, DES INEPTIES,
TANT SPÉCIFIQUES QUE SYNONYMIQUES,
CONTENUES DANS LES ŒUVRES DE M. KOBELT,
DE FRANCFORT.

PAR

M. J.-R. BOURGUIGNAT.

POUR PARAITRE
EN JANVIER 1884,
LA
PREMIÈRE CENTURIE.

www.ingramcontent.com/pod-product-compliance
Lightning Source LLC
LaVergne TN
LVHW050433160826
845677LV00002BA/690

9782329684093